AF509693

GAIFFE ET CIE

A. GAIFFE

A PARIS

SISMOTHÉRAPIE

APPAREILS

ET

EXCITATEURS DIVERS

N° 3.

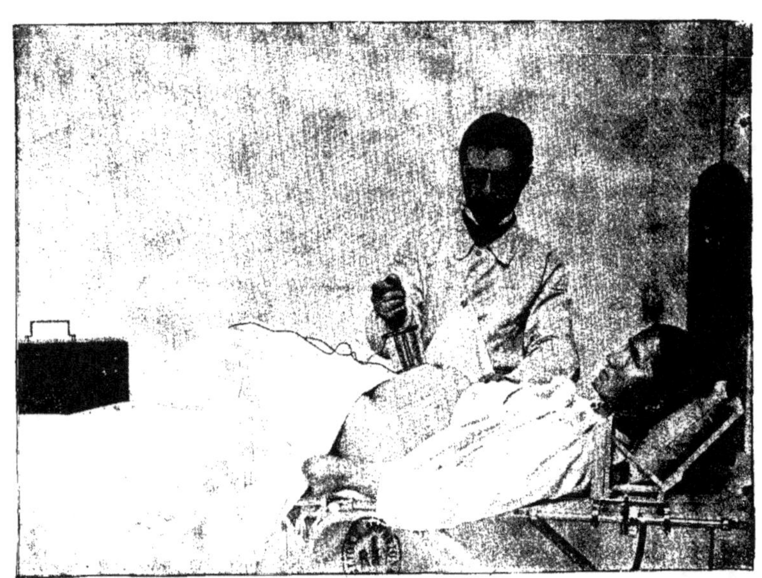

MONSIEUR LE Dr JAYLE TRAITANT UNE MALADE

SISMOTHÉRAPIE

La médecine vibratoire ou Sismothérapie, suivant le mot si bien approprié trouvé par MM. les Drs Jayle et Lacroix de Lavalette (*La Sismothérapie*, 1899), est l'application thérapeutique des vibrations mécaniques produites d'une façon quelconque. Elle procède du massage avec addition d'un effet supplémentaire qu'il est difficile, pour ne pas dire impossible, d'obtenir à la main.

La faveur toujours plus grande dont jouit ce mode de traitement est assez naturelle si on se reporte aux résultats encourageants qu'ont obtenus les savants praticiens qui l'ont employé.

Avant de passer à la description des appareils que nous construisons pour cet usage, il est bon, croyons-nous, de donner un bref historique de la question ainsi que quelques résultats thérapeutiques.

CHAPITRE PREMIER

HISTORIQUE

La plupart des renseignements que nous donnons ci-dessous sont extraits de l'ouvrage cité plus haut — *La Sismothérapie*, par le Dr Lacroix de Lavalette, 1899 — et nous adressons tous nos remerciements à l'auteur qui a bien voulu nous autoriser à puiser dans son si intéressant travail.

La Sismothérapie est fort ancienne : il semble, d'après certains documents, qu'en Chine, en Grèce, à Rome, les massages étaient, le plus souvent, accompagnés de vibrations faites à la main?

Astruc, dans le *Mercure de France* d'avril 1735, parle de machines employées dans ce but par les Romains, et ce, au sujet de la description d'un appareil nommé « trémoussoir », inventé par l'abbé de Saint-Pierre. C'était un véritable tabouret vibrant, ancêtre du tabouret construit par M. Jude pour les Drs Charcot et Gilles de la Tourette, à la Salpêtrière, qui reproduisait l'effet éprouvé lorsqu'on voyageait en chaise de poste.

Hoffmann en 1718, Andry en 1723, Tissot en 1781, John Pugts en 1794, John Burklay, etc., dans leurs écrits sur le massage, parlent tous plus ou moins de vibration.

Ling, en 1813, créé à Stockolm l'Institut Central gymnastique d'où sort une pléiade de médecins pratiquant la vibration manuelle. Enfin, en 1864, Zender de Stockolm construit le premier vibrateur mécanique.

Bientôt, nos médecins s'attaquent à la question :

En 1878, le Dr Vigouroux publie un travail sur les effets obtenus à l'aide d'un gros diapason, mis en action par un archet, qui était appliqué sur le patient à l'endroit voulu.

En 1880, Boudet de Paris substitue à l'appareil de Vigouroux un diapason mû électriquement, dont les vibrations, toujours régulières, durent aussi longtemps qu'il est nécessaire.

Mortimer Granville, en 1883, emploie un percuteur qui semble n'être qu'un mouvement de sonnerie électrique.

A la même époque, paraît le fauteuil trépidant de la Salpêtrière.

Enfin, en 1892, MM. les Drs Larat et Gautier nous ayant présenté un casque pour la tête, dans lequel le moteur était un diapason électrique de forme spéciale et à nombre de vibrations variable, nous eûmes l'idée de remplacer ce mode d'action par l'effet d'une excentrique tournante. Pour cela, un moteur électrique fut fixé sur le casque. Sur son arbre était montée une excentrique. Il devenait infiniment facile, en faisant varier la vitesse du moteur, de changer à la fois le nombre et l'énergie des vibrations.

A peu près à la même époque, divers constructeurs construisirent des vibrateurs mécaniques dans lesquels on utilisait, en général, le mouvement d'une came.

CHAPITRE II

EFFETS THÉRAPEUTIQUES

Nous ne pouvons nous étendre sur ce point ; le mieux sera de s'en référer aux auteurs.

Voici cependant quelques résultats obtenus :

Tabouret vibrant : Un malade, atteint de paralysie agitante, placé sur un fauteuil trépidant, est amélioré surtout au point de vue douleurs et insomnies (Drs Charcot et Gilles de la Tourette).

Des lapins inoculés avec du virus rabique *résistent à son action s'ils sont placés sur un tabouret vibrant* tandis que des lapins témoins succombèrent dans les délais ordinaires (D^r D'Arsonval).

Casque vibrant : 8 à 10 séances triomphent de l'insomnie lorsque celle-ci n'est pas liée à une affection organique de l'encéphale. La vibration agit en faisant d'abord disparaître les symptômes céphaliques, en particulier les vertiges et le casque douloureux spécial à cette affection (Drs Larat et Gauthier).

Vibrateurs généraux.

1º *Applications localisées*. — La vibration appliquée sur un point déterminé entraîne une analgésie locale et même souvent une anesthésie très marquée (Boudet de Pâris, emploi du diapason).

2º *Massage des muqueuses*. — Résultats appréciables dans l'ozène, le coryza chronique et le catarrhe de l'oreille (Dr Garnault, emploi du manche vibrant).

3º *Applications généralisées*. — Emploi du vibrateur sur manche ou du vibrateur grand modèle.

Les vibrations augmentent la production du suc gastrique, la sécrétion biliaire, la diurèse après applications sur les reins (légère production d'albumine), la sueur, les larmes, les spermatozoïdes (Colombo, expériences faites sur les animaux au laboratoire de M. le Dr François Frank au Collège de France).

Amélioration durable dans l'hémiplégie avec contracture (Dr Saquet de Nantes).

En gynécologie atténuation et parfois disparition des douleurs et sensations pénibles de toutes sortes (Drs Jayle, Lacroix de Lavalette).

CHAPITRE III

JUSTIFICATION DE L'EMPLOI DES EXCENTRIQUES POUR PRODUIRE LA VIBRATION

Nous avons dit plus haut que notre vibrateur se composait d'une excentrique tournante dont la rotation produisait des vibrations dont l'amplitude et l'énergie varient avec la vitesse. Plusieurs raisons nous ont fait adopter ce mode d'action à l'exclusion de toute autre.

Nous avons rejeté les cames qui ne donnent qu'une vibration d'amplitude toujours la même, toujours de même sens et s'usent vite.

Les excentriques, au contraire, agissant simplement par la force centrifuge, produisent une vibration d'autant plus puissante qu'elles tournent plus vite ou ont plus de masse. Il est donc possible de faire des vibrateurs de toute puissance et chacun se réglera facilement en faisant varier la vitesse de rotation.

Les excentriques permettent de plus, en les montant directement sur l'arbre du moteur qui les entraîne, d'obtenir des instruments infiniment légers, portant en eux-mêmes le moteur relié par deux fils souples à une source électrique appropriée. Témoin, le manche vibrateur du Dr Garnault (*fig.* 2) que la figure représente aux 2/3 environ de la grandeur réelle.

L'excentrique a de plus l'avantage de produire une onde circulaire agissant aussi bien d'avant en arrière que de droite à gauche et permet, par conséquent, d'attaquer latéralement un organe qu'on ne pourrait toucher en ligne directe, ce que l'on n'a, ni avec les vibrateurs à came ne donnant que la vibration arrière avant, ni avec ceux dans lesquels l'effet est obtenu par le déplacement d'une boule excentrée portée par l'excitateur et qui ne vibrent que si l'excitateur est appliqué fortement sur le corps.

Sur la paroi latérale du nez, par exemple, notre excentrique agira par vibrations latérales, la came produira seulement le simple frottement d'une tige glissant d'avant en arrière, et le vibrateur à boule excentrée ne donnera rien.

Notre vibrateur permet encore d'obtenir, à vitesse lente, le

même martèlement que les vibrateurs à came. Il ne nécessite
pas d'appuyer fortement l'excitateur sur le patient comme avec
les appareils à boule; enfin il ne met en contact avec le malade
que l'excitateur lui-même, porté généralement sur une tige à une
certaine distance de l'excentrique et, par conséquent, le grippage
des roulements, s'il se produit par manque de graissage,
ne l'échauffe pas et ne le rend pas brûlant et douloureux
comme dans les appareils où la vibration se produit dans l'excitateur lui-même. Nous ajouterons que ces derniers sont dange-
reux lorsqu'un grippage se produit parce que l'excitateur tend à
tourner sur lui-même entraînant la peau dans son mouvement.

CHAPITRE IV

DESCRIPTION DES DIVERS VIBRATEURS

Diapason vibrant de Boudet de Pâris (*fig.* 1).

Nous donnons ici la description du diapason vibrant de Boudet de Pâris, quoique son principe diffère de celui des vibrateurs
actuels, mais c'est le premier appareil pratique qui ait été ima-
giné et, à ce titre, son auteur et l'appareil ne doivent pas être
mis en oubli.

Un diapason, monté sur une semelle rigide en ébonite, est
entretenu dans son mouvement par un électro-aimant qu'actionne une pile au bichromate ou un accumulateur (*fig.* 1).

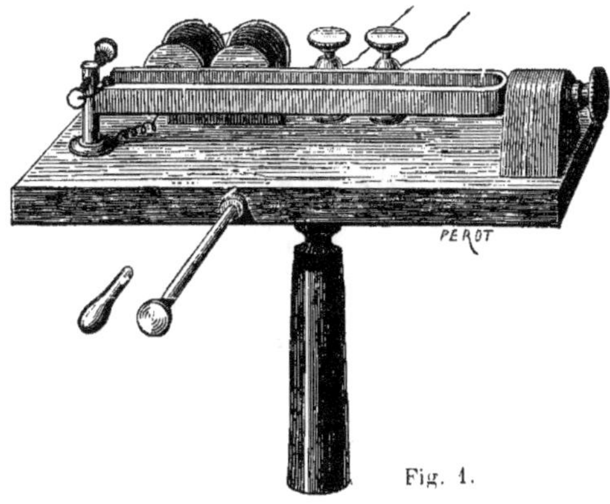

Fig. 1.

Perpendiculairement à sa longueur, dans le plan des vibrations, peuvent se monter deux excitateurs, bouton plat et olive, qui s'appliquent sur la partie à traiter.

Les vibrations, assez légères, sont toujours de même amplitude et de même puissance.

Leur nombre invariable est donné par la note émise par le diapason.

Manche vibrateur de M. le Dr Garnault (*fig.* 2).

Un manche en bois ou ébonite est muni dans son intérieur d'une petite dynamo Gramme M sur l'axe de laquelle est fixée une excentrique E (*fig.* 2).

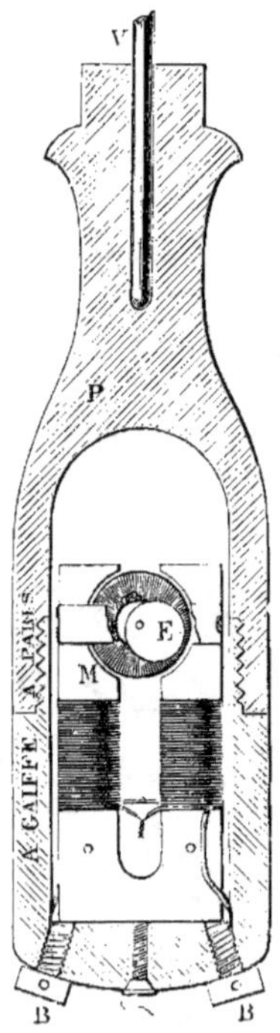

Fig. 2.

Au sommet du manche est une pince, non figurée sur le dessin, qui peut recevoir un jeu d'excitateurs représentés (*fig.* 3).

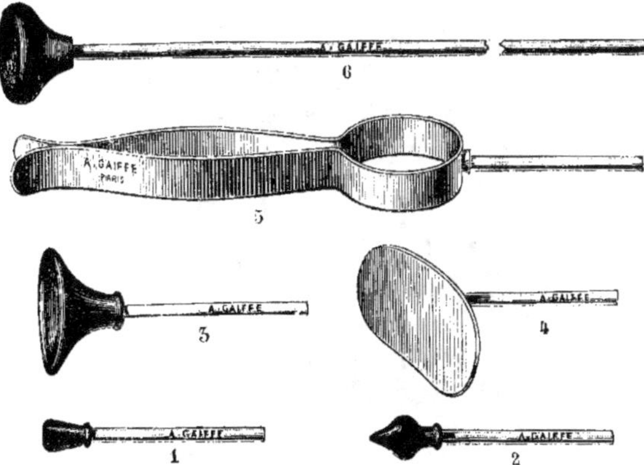

Fig. 3.

Les numéros 1 et 2 servent pour les applications localisées, le n° 3 est le vibrateur du globe de l'œil, n° 4 plaque excitatrice générale, n° 5 pince pour la naissance du nez, n° 6 bouton pour le col de l'utérus. Des tiges droites de diverses grosseurs servent encore pour l'intérieur du nez ou de l'oreille. Mais dans ce cas on les enveloppe toujours de ouate hydrophile portant parfois des produits médicamenteux.

Le moteur fonctionne à courant continu avec 2 ou 4 volts.

Casque vibrant des Drs Gilles de la Tourette, Larat et Gautier (*fig.* 4).

Une bombe de casque en métal nickelé reçoit un petit moteur armé d'une excentrique. Dans l'intérieur est un coussin dur évitant le contact direct du métal et de la tête et une série de ressorts permettant au casque de s'adapter à toutes les têtes.

Le moteur est le même que celui du vibrateur sur manche (*fig.* 6).

Il existe deux modèles de casque :

Dans le premier le moteur est inamovible et découvert (*fig. 4*).

Fig. 4.

Dans le second, le moteur, muni de sa calotte (*fig. 6*), peut être démonté et remonté sur un manche pour servir de vibrateur général.

Il faut, en courant continu, 6 volts pour actionner ce moteur. Lorsqu'il doit fonctionner sur secteur à 110 volts nous le roulons spécialement et on l'actionne alors par l'intermédiaire de notre tableau pour lumière endoscopique sur secteur. (Voir chapitre V.)

Sur secteur à courant alternatif le moteur est construit spécialement et se règle par notre transformateur universel. (Voir chapitre V.)

Tabouret vibrant des Drs Charcot et Gilles de la Tourette (*fig. 5*).

Un tabouret en chêne porte en son centre un moteur muni

d'excentriques (*fig.* 5). Ce moteur est recouvert d'une boîte en
bois, destinée à éviter que le patient ne reçoive un coup d'excentrique en s'approchant du moteur.

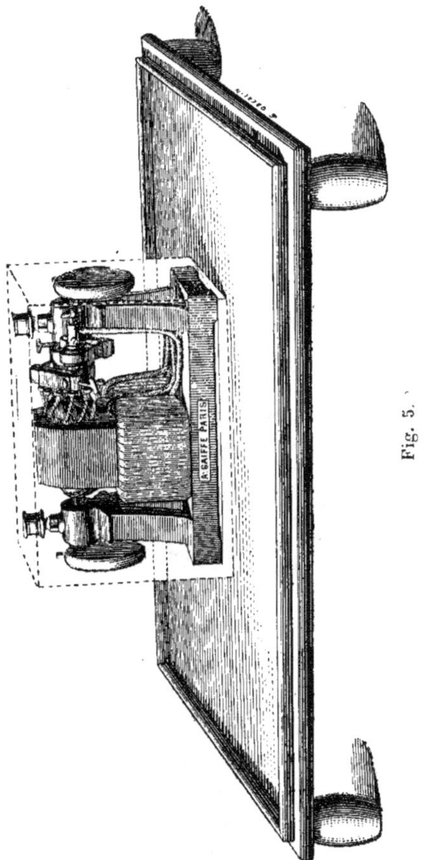

Fig. 5.

Il est supporté, soit par 4 pieds en caoutchouc souple, soit
par 4 coussins à air. Ce dernier mode de suspension étant de
beaucoup préférable au point de vue de l'extinction des vibrations transmises au sol.

On pose sur le tabouret une chaise ou un fauteuil sur lequel s'assied le malade. Un entourage en bois évite que le siège ne puisse glisser et sortir du tabouret.

Les vibrations se transmettent à tout le corps reproduisant à très peu de chose près l'effet ressenti en wagon. Elles peuvent devenir assez puissantes pour qu'il y ait danger à les subir debout : il faut donc toujours faire asseoir le patient.

Les moteurs marchent en courant continu soit à 12 ou 16 volts, soit à 110 sur secteur, et en courant alternatif à 110 sur secteur. (Voir chapitre V les appareils de réglage.)

Vibrateur moyen sur manche (*fig.* 6).

Une dynamo munie d'une excentrique est montée sur un socle en bois et recouverte d'une calotte métallique. Le tout peut se fixer sur un manche en bois P (*fig.* 6) ou sur un manche garni de caoutchouc souple pour isoler autant que possible l'opérateur.

Fig. 6.

La partie supérieure de la calotte sert d'excitateur général. Sur cette calotte, au- point *o*, se vissent les excitateurs de la figure 7.

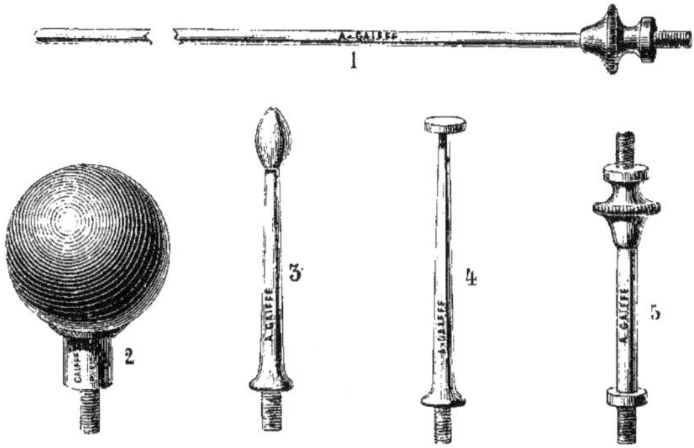

Fig. 7.

1. Excitateur utérin.
2. Boule excitateur général.
3-4. Excitateurs pour applications localisées.
5. Intermédiaire permettant de fixer sur le vibrateur des excitateurs électriques pour ajouter à l'action sysmique l'action du courant électrique.

La pièce 13 de la figure 9 sert à utiliser avec ce vibrateur tous les excitateurs de cette figure, qui sont ceux du vibrateur grand modèle.

En courant continu le moteur marche soit sur 6 volts avec rhéostat de réglage, soit sur secteur à courant continu 110^v par l'intermédiaire de notre tableau pour lumière endoscopique. Sur secteur alternatif à 110^v on règle avec notre transformateur universel.

Voir chapitre V les appareils de réglage.

Vibrateur grand modèle (*fig.* 8).

Dans ce modèle seul l'excentrique n'est pas fixé sur l'axe du moteur. Il est contenu dans la boîte B du manche M (*fig.* 8) et reçoit son mouvement du moteur par l'intermédiaire d'un flexible F.

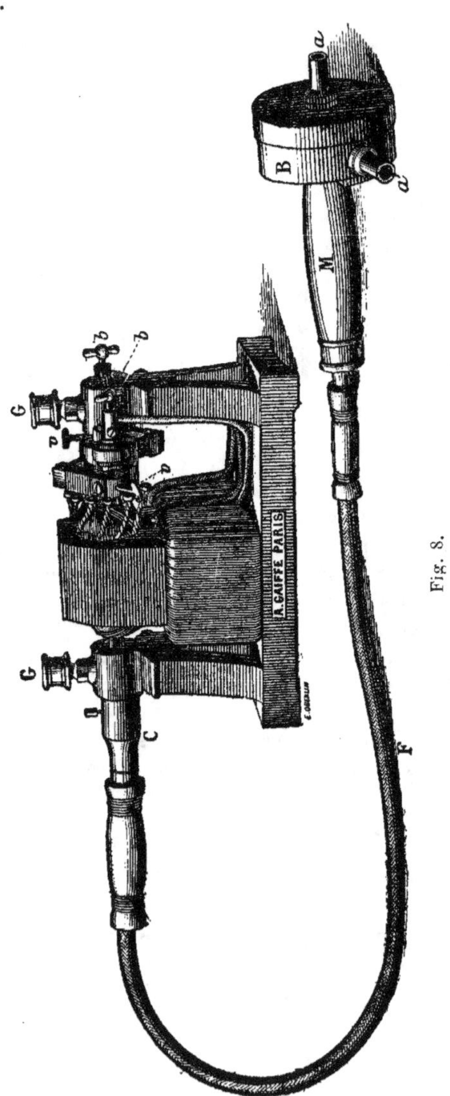

Fig. 8.

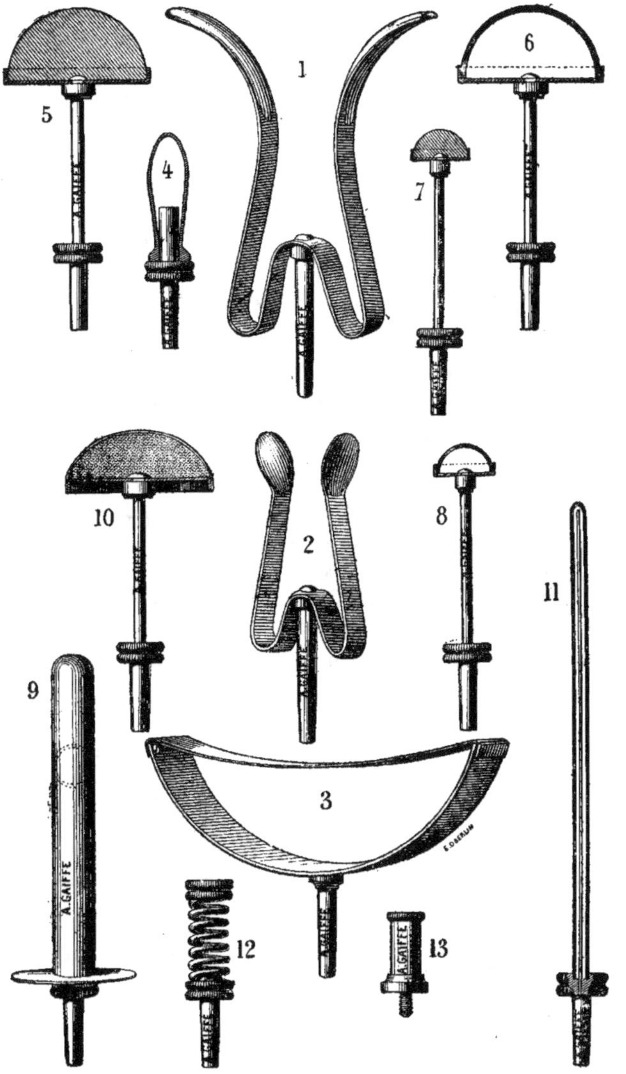

Fig. 9.

C'est le plus puissant des vibrateurs, son action qui peut déjà se modérer par la vitesse a encore besoin d'être quelquefois atténuée pour certains cas délicats. Nous verrons plus loin parmi les excitateurs ceux qui sont créés spécialement pour cela.

Le moteur est fait pour 12, 16 ou 110 volts à courant continu ou 110^v courant alternatif. (Voir chapitre V les appareils de réglage.) Il est d'un modèle robuste, construit exactement sur les mêmes principes mécaniques que les dynamos les plus puissantes. Ses pièces sont interchangeables, il est, par conséquent, facile de remplacer soi-même les pièces usées par un long travail.

Il existe deux modèles de flexible : Le premier, le plus simple, tourne tout entier. Dans le second, au contraire, l'âme seule tourne et l'enveloppe extérieure est immobile. C'est le meilleur et le plus commode d'emploi. Le manche fait en entier en métal antifriction est robuste et l'excentrique fixée d'une façon très sérieuse.

Les excitateurs (*fig.* 9) entrent à frottement dur dans les pièces *a a* du manche.

1. Excitateur pour la gorge.

2. Excitateur pour la naissance du nez.

3. Bande pour le front.

4. Excitateur pour l'oreille, une tétine en caoutchouc souple sert à amortir la vibration.

5. Excitateur général en caoutchouc plein.

6. Le même en caoutchouc creux pour amortir les vibrations.

7. Excitateur pour action localisée en caoutchouc plein.

8. Le même en creux pour amortir les vibrations.

9. Cylindre vaginal ou rectal.

10. Tampon plat.

11. Excitateur utérin.

12. Intermédiaire amortisseur pour tous excitateurs.

En dehors de ces appareils il existe encore :

1 excitateur roulant en métal.

1 excitateur roulant en caoutchouc plein.

1 plaque métallique excitateur général.

1 intermédiaire permettant d'utiliser tous les excitateurs de la figure 7.

CHAPITRE V

APPAREILS DE RÉGLAGE

Moteurs à courant continu.

1° *Moteurs* de 4 à 8 volts marchant avec des piles, des accumulateurs ou moteurs à 110^v marchant sur les secteurs.

Des rhéostats appropriés permettent d'obenir toutes les vitesses nécessaires.

2° *Petits moteurs* des casques et des vibrateurs à main actionnés par un courant de secteur à 110 volts.

Les rhéostats ne peuvent servir dans ce cas à moins de les faire très grands et très encombrants. Il vaut mieux employer notre dispositif à réducteur de potentiel.

Cet appareil se compose d'un réducteur de potentiel simple mis en circuit avec 2 lampes à incandescence servant de rhéostat. Il permet de régler insensiblement le voltage de 0 à 16 volts et l'intensité de 0 à 2 ampères. Cet appareil sert aussi à l'éclairage sur 110^v des petites lampes d'exploration.

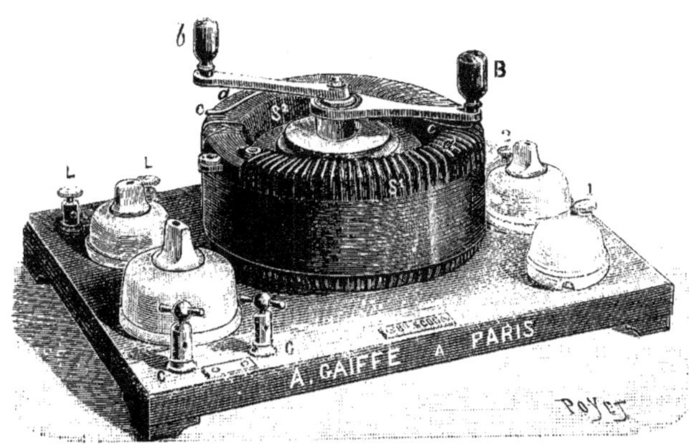

Fig. 10.

Moteurs à courant alternatif (monophasé).

1° *Moteurs* marchant directement sur secteur à 110 volts.

Le réglage peut se faire soit par un rhéostat, soit par une bobine de self-induction.

Ce dernier mode de réglage est meilleur parce qu'il économise plus le courant que le rhéostat, nous avons donné les deux pour épargner à notre clientèle l'achat d'un appareil dans le cas où on posséderait déjà un rhéostat approprié.

2° *Moteurs* de casque et de vibrateur à main marchant sur courant alternatif.

Pour ces petits moteurs nous préconisons notre transformateur universel. Cet appareil dont la figure est ci-dessus (*fig.* 10) donne en même temps : dans un premier circuit 8V,35A pour les cautères, dans le deuxième circuit 16V,2A pour les lampes d'exploration (c'est ce circuit qui sert pour les moteurs de vibrateurs), enfin on peut avoir au total 24 volts pour faire de l'électrisation sinusoïdale. La dépense sur le secteur est exactement proportionnelle au courant pris par les appareils d'utilisation.

(Voir notre notice n° 2 sur les transformateurs.)

Moteurs à courant alternatif triphasé.

Les moteurs que nous construisons pour ce genre de courant sont à v'tesse constante. Il est donc nécessaire d'avoir un système mécanique spécial pour faire varier la vitesse des vibrateurs. Comme le prix de cet appareil est assez élevé, nous engageons nos clients à se servir du vibrateur à courant alternatif ordinaire en se branchant sur une seule phase du courant triphasé. Le moteur ne dépensant que 3 kilogrammètres environ, les secteurs ne font généralement aucune difficulté à donner l'autorisation nécessaire.

Sceaux. — Imprimerie E. Charaire.

PUBLICATIONS ANTÉRIEURES

N° 1. — Haute fréquence.

N° 2. — Transformateurs universels.

Sceaux — Imprimerie E. Charaire.